漫娱文化

玩坏这本书

长江出版社
漫娱文化

警告：在你打开这本书之时，你可能对书中无厘头的要求无语至极，你也有可能感叹于它的奇思妙想、脑洞之大。当你开始按照书上的说明去搞破坏，你会弄脏手脚，会弄湿衣物，会沾上你不喜欢的东西，也会不顾形象地在公共场合被他人误以为是精神病……渐渐地你会发现其实不是搞破坏，而是自己在创作一幅幅“新奇”的作品，你在这个过程中释放了你的天性，解除了你的忧虑，收获了成就感……到后来你会完全放松下来，你会发现这是一件多么轻松、无害的事情。

另外：这本书献给全球每一位创意创造者。本书并不保证、担保或代表资料内容 一定会让你觉得有趣。创意是一种通过创新思维意识，从而进一步挖掘和激活资源组合方式进而提升资源价值的方法。创造性过程可能涉及发现和发明，只要一件事情用新的方法去完成或去思索，就称之为创造性过程。唯有创造才是快乐 . 只有创造的生灵才是生灵。创意工作者可至国内图书市场或境外图书资料中心购买相关内容加以阅读。创意，只要你去找，答案就在你的生活里。

本书的拥有者是

留下你的艺术签名

请用彩色笔写出你的外号
（每一笔画换一种颜色）

请用英文写出你的年龄

请用左手写下你的破壳日

请用娃娃体写下你对此书的评价

请用小刀刻写出你最喜欢的东西

你居住的地方在

你的联系方式是

* 若是有缘人拾到了这本书，诚邀参与书中的活动游戏，
任意翻开某一页遵照该页要求完成，而后将此书归还。

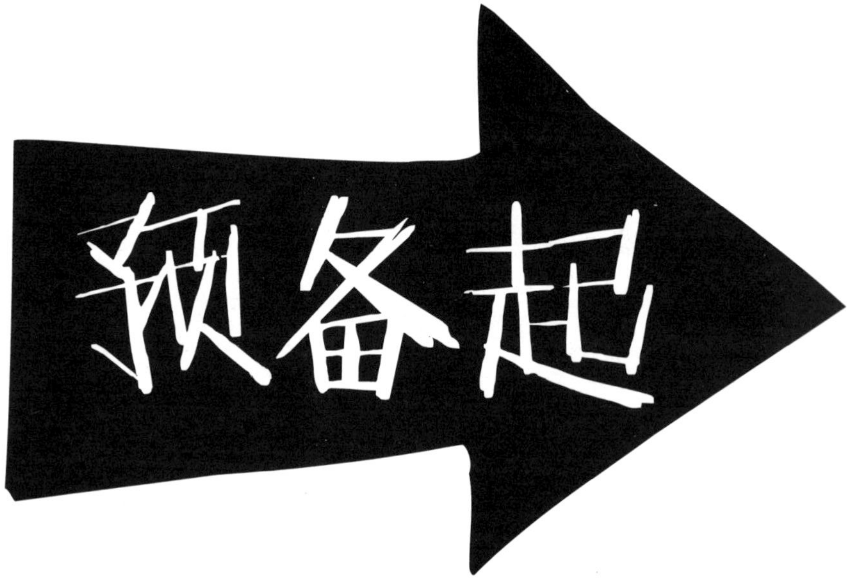
预备起

1. 不管翻到书中哪一页，都要按照指示完成。

2. 自己标注页码（书中无页码）。

3. 每晚睡觉，都要把这本书放在旁边。

4. 发挥你的想象力和创造力。

5. 不要担心书会被你弄脏、弄破，大胆去做！

准备好了吗，以下就是你需要用到的材料：

点子
情绪
时间
创意
双手
照片
指纹
人民币
歌词
嘴巴
落叶
铅笔
颜料
玫瑰
宠物毛发
秘密
想象力
鞋子
剪刀
墨水
蚊子或昆虫尸体
针
订书机
标签纸贴
打火机
报纸或杂志

愿望
糖纸
智慧
牙签
胶水
细沙
四叶草
蜡烛
口红
邮票
手机
路上捡到的东西
日记
纽扣
车票或机票
购物小票
线
咖啡或有颜色的液体
身体
粉笔
牙膏
牙刷
气球
瓜子壳
小动物
小刀

贴一张你自己的大头照片，

手工 P 图。

收集99个路人的指纹

写满你最喜欢的歌手的歌词，

不，能，留，有，空，白。

请在这页临摹出一张RMB。

100

印满你的**唇印**。

捡到路上的叶子，
请将它们的尸体贴在这里，
并写一首诗。

用笔将这页纸戳（你的年龄）个洞。

把手弄脏，在此页留下你的手印。

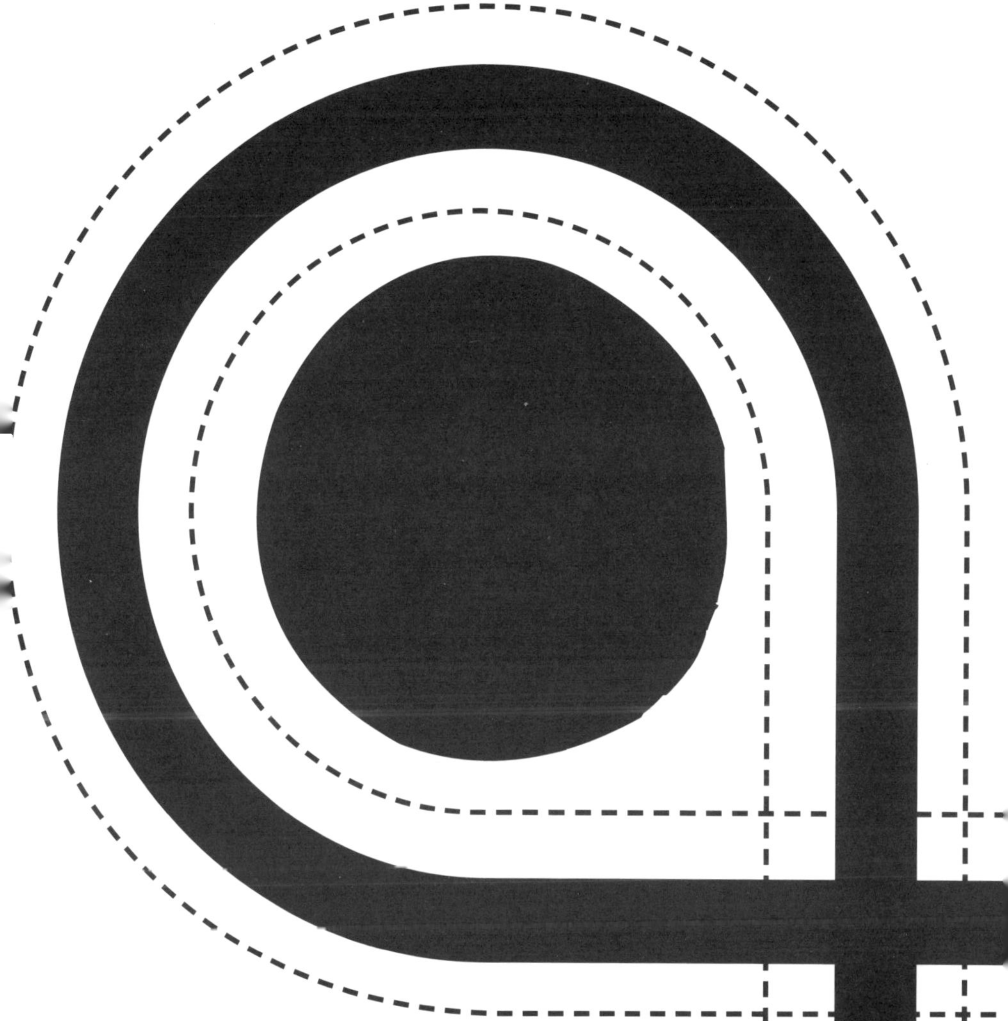

这是一个幸运靶，如果你用铅笔或者飞镖砸中，你将收获幸运。

用颜料将这页涂满，
要有爱情的感觉。

这页请用他送你的

玫瑰来填满。

如果没有人送你花，

请剪一堆**狗毛**粘上。

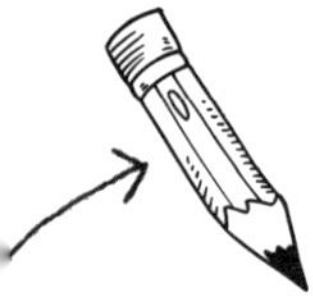

画一张你爱人的画像。

如果画出来并非你想象中的样子，
请在右边页面写满他的名字，并说对不起。

SORRY

请将你的秘密写在下面的纸条上，

并将其撕成一条条的，藏在每个角落。

狂风骤雨般发挥你的想

象力，这一页你做主。

这一页应该有你的鞋印，如果

你很愤怒，请叠加你的鞋印。

这是一张爱情券，将它按图剪下来，

可向TA索要红包52.1或512元。

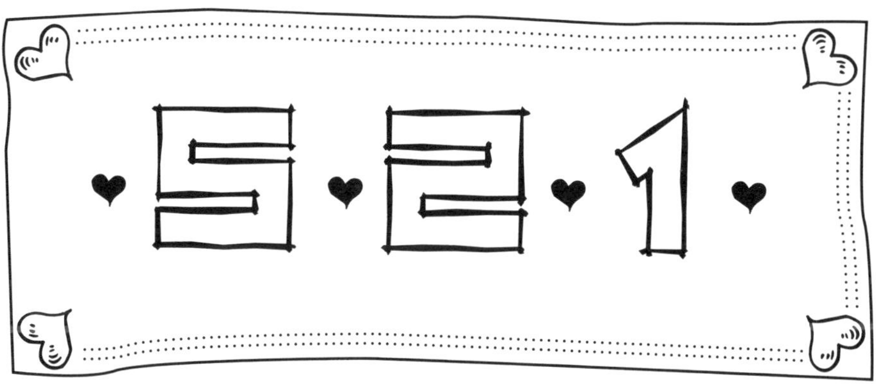

请在此页滴上墨水或其他颜料，

用嘴巴吹出一幅画。

请给你最爱／恨的人绘制一张奖状，

然后郑重颁发给TA。

并在此处写上TA的得奖理由。

奖状

最佳＿＿＿＿＿＿＿＿奖

＿＿＿年＿＿月＿＿日

把这本书丢向对面的墙上10次。

请在这页写一首情诗，
DIY给你最爱的人。

在这一页好好思考，
你所得到和失去的。

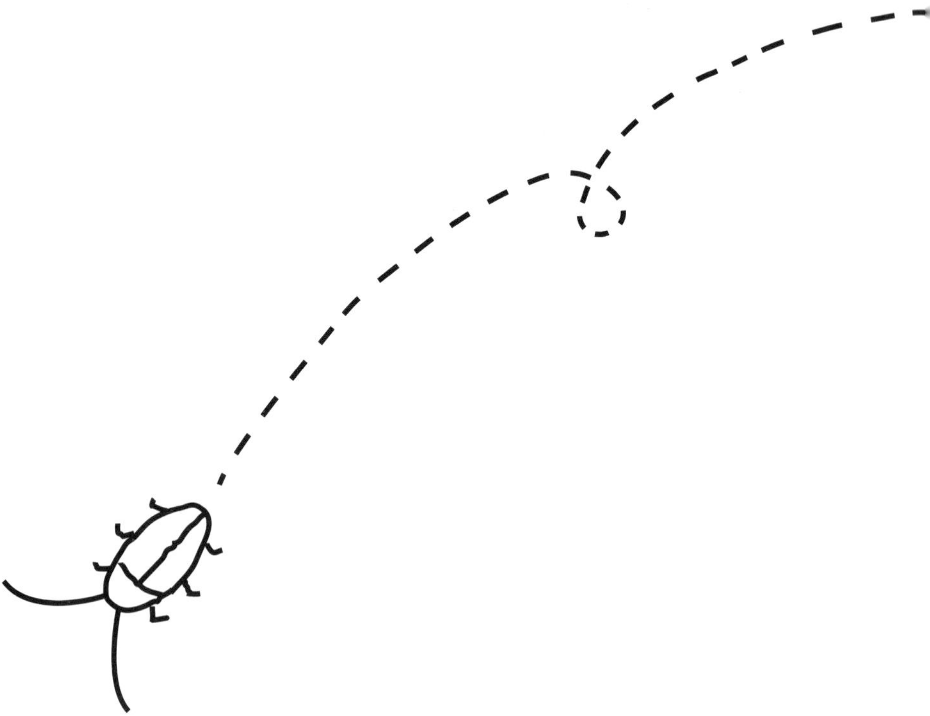

收集昆虫尸体页。

将这张纸折成飞机。

把图形剪下来，贴在眼睛上。

并自拍9张。

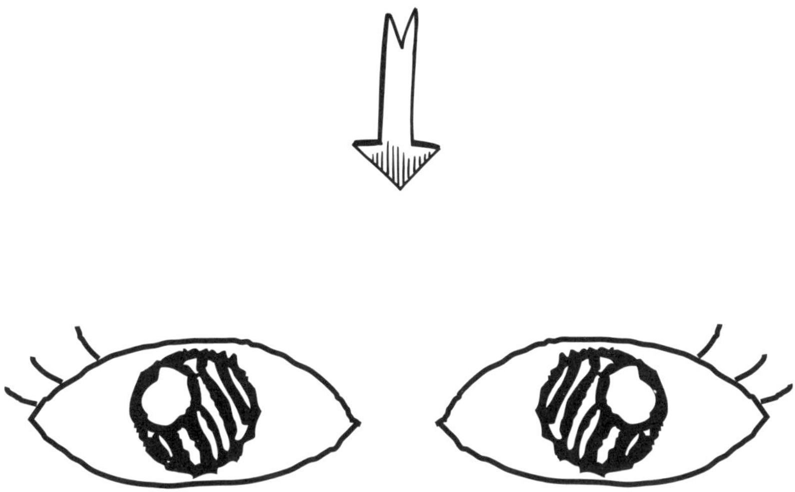

将以下符咒贴在合适的人身上。

把这本书向天空抛10次，越高越好。

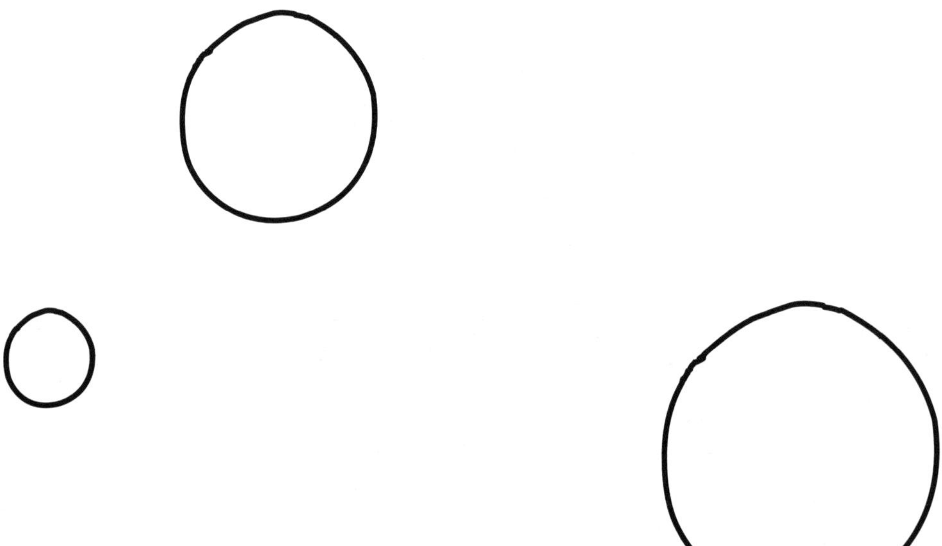

用圆圈画满这页纸。

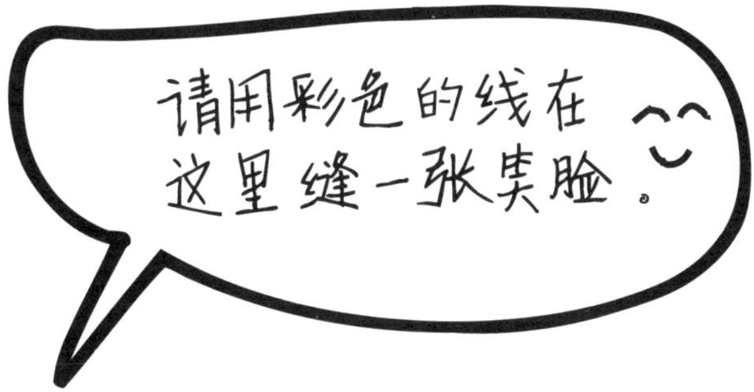
请用彩色的线在
这里缝一张笑脸。

将这一页揉成一团，再展开，再揉成团。
重复，直至书页出现纹理脉络。
（注意不要撕下来）

用订书机在这张纸上绘一幅创意画，可以用其他材料来搭配。

左手抓紧TA的手，

右手画出TA的手的轮廓，

并在你所画的食指上粘贴一个口香糖作为指环。

请将各种水果、零食、包装

的标签纸贴在此处。

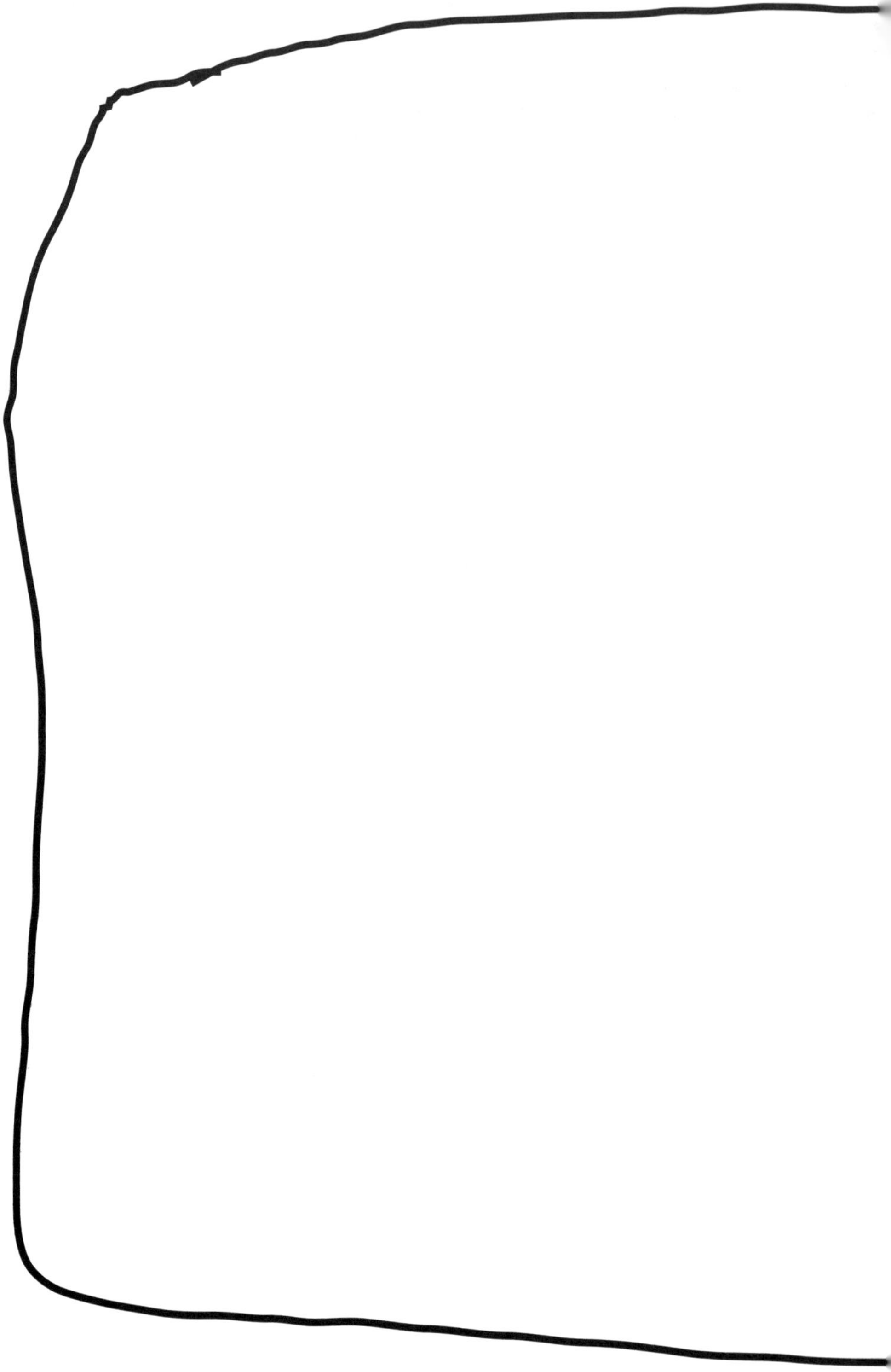

拿着铅笔、彩笔、中性笔，
各种笔在此处写字或者画画。

主题是人间。

试试用**打火机**在这页

烧3个完美的**洞**。

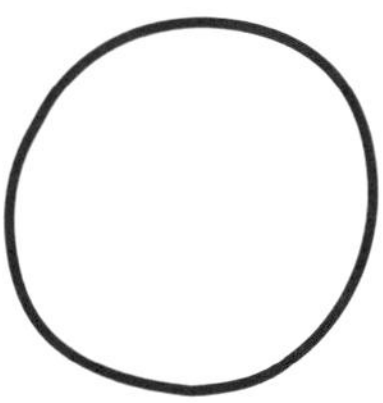

左手画圆，右手画方。请重复20次。

请剪贴报纸或者杂志拼贴在此处。

请写下你本年度的愿望清单。

请在本页收集20个

人对你的好友印象。

请在本页收集
你宠物的毛发
（含人类）。

请将糖纸粘贴在此处，并尽量美观。

入口

请走完这个迷宫。

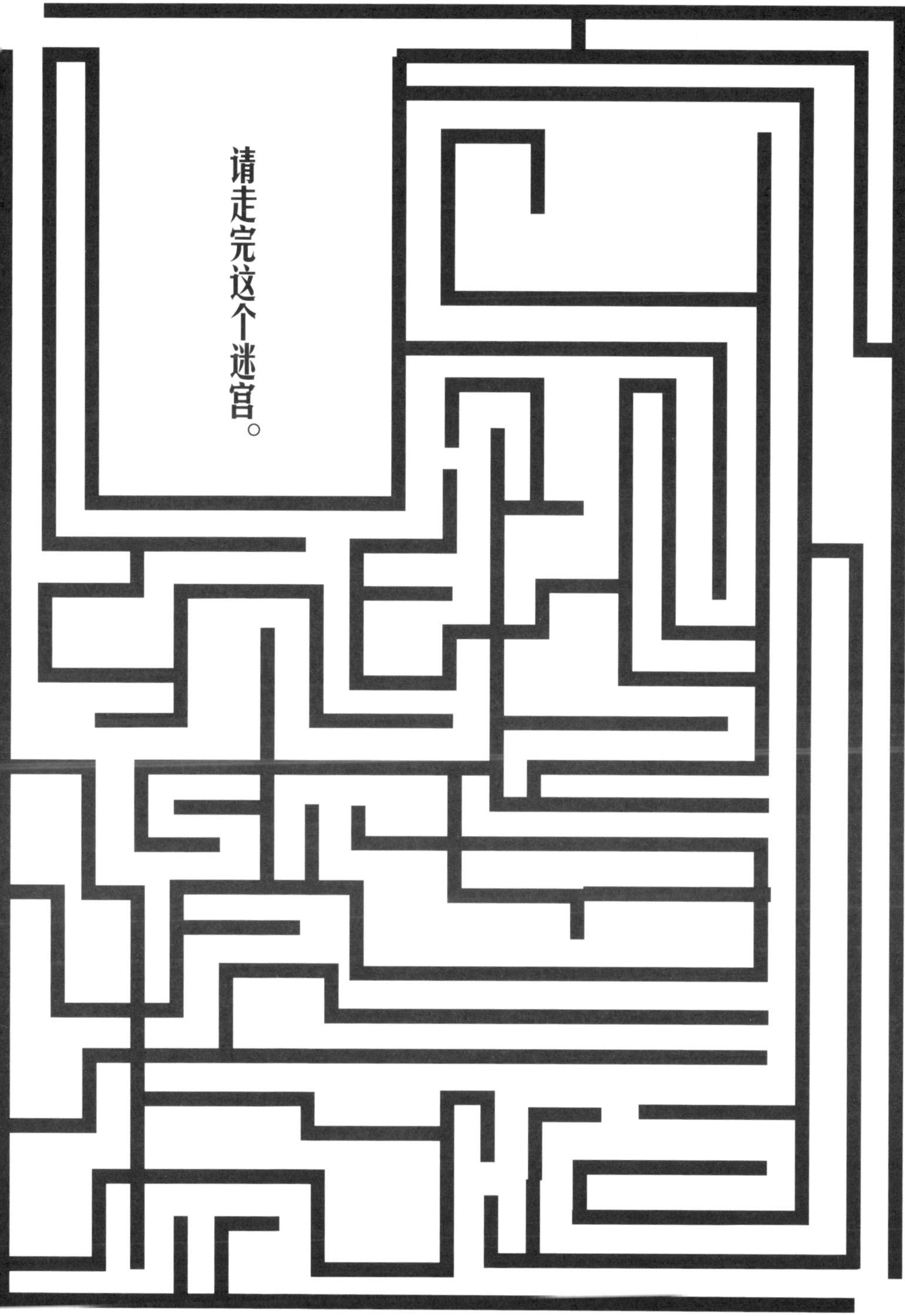

随心所欲写下你**大师级**的作品。

（点点图）

请用牙签戳破每个黑洞。

贴上你仇人
的照片。

细数TA的十宗罪。

诚恳地给你的偶像写一封信，并拍照@TA。

开始

画一条不中断的线。
尽量越长越好。

给你未来的

儿子/女儿

写一页的名字。

用胶水作画，并撒上细沙，拼成一幅作品。

用四叶草
粘满此页，

并写下你想祝福的人的名字。

请在这一页收集蚊子或

其他昆虫的尸体样本。

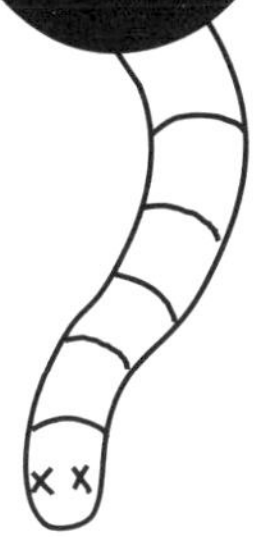

撕下这一页，折成一艘小纸船，
放于河面，让它漂流。

让你的一个异性朋友在此页写上他对你的祝福。

燃一根蜡烛，

将烛泪均匀的，

滴在整页纸上。

撕下这一页，
剪一个奇形怪状
的窗花。

在这页纸

下方  上

很多次，

剪出流苏

的样子。

嘴上涂上口红，
用唇印画出五朵花。

用这页纸折一个简易戒指，戴在自己的无名指上。

在这页纸写 100 遍

"随他吧"。

在这页纸上写下
你最后悔的事，
然后把这页纸撕
成碎片。

写出曾经历的最美好的事，然后盯着看10秒。

画一幅你的全家福。

将这页撕下卷成一个筒状，唱首歌给TA听。

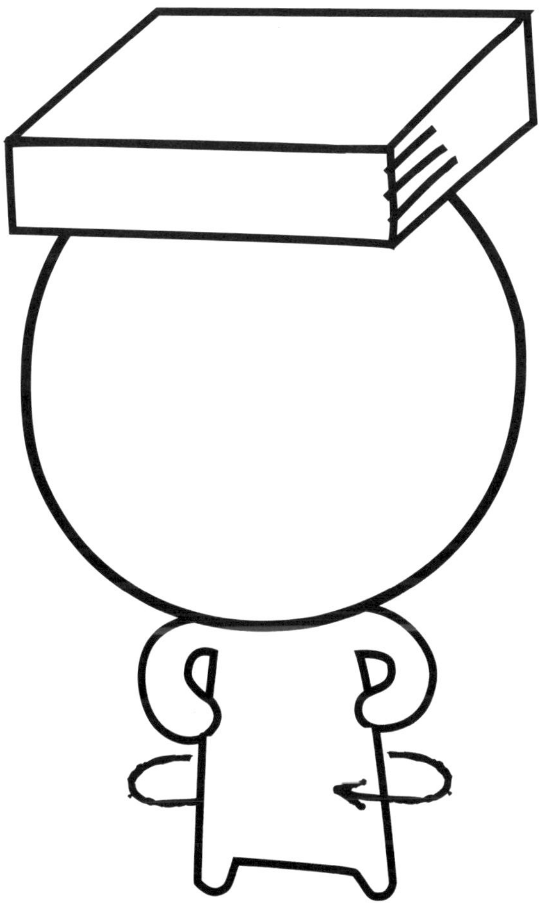

把这本书顶在头上（不许用手扶），转三圈。

用这一页擦地板，
收集灰尘。

画全网上聊天使用的所有表情符号。

* * *

在这页纸上写下你的手机号码，带它出门，趁人不注意时塞到你遇到的第一个陌生人的口袋中。

请用左手写出此时此刻的想法。

给暗恋的人写一封信，
并贴上邮票，如果没有，
就给自己写一封信。

请不要向TA借钱。

请写下你能想到的所有朋友的名字，
并给 TA 发一条“我想你”的短信。

写下自己的烦恼，然后撕下这一页，

扔进垃圾桶。

在这个“棋盘”上，和朋友来一局五子棋。

撕下这一页，把它做成剪纸，

然后再粘上去。

把你今天在路上捡到的
东西粘在上面。

把自己曾经的日记

撕下一页粘在这里。

把家里多余的纽扣粘在这里。

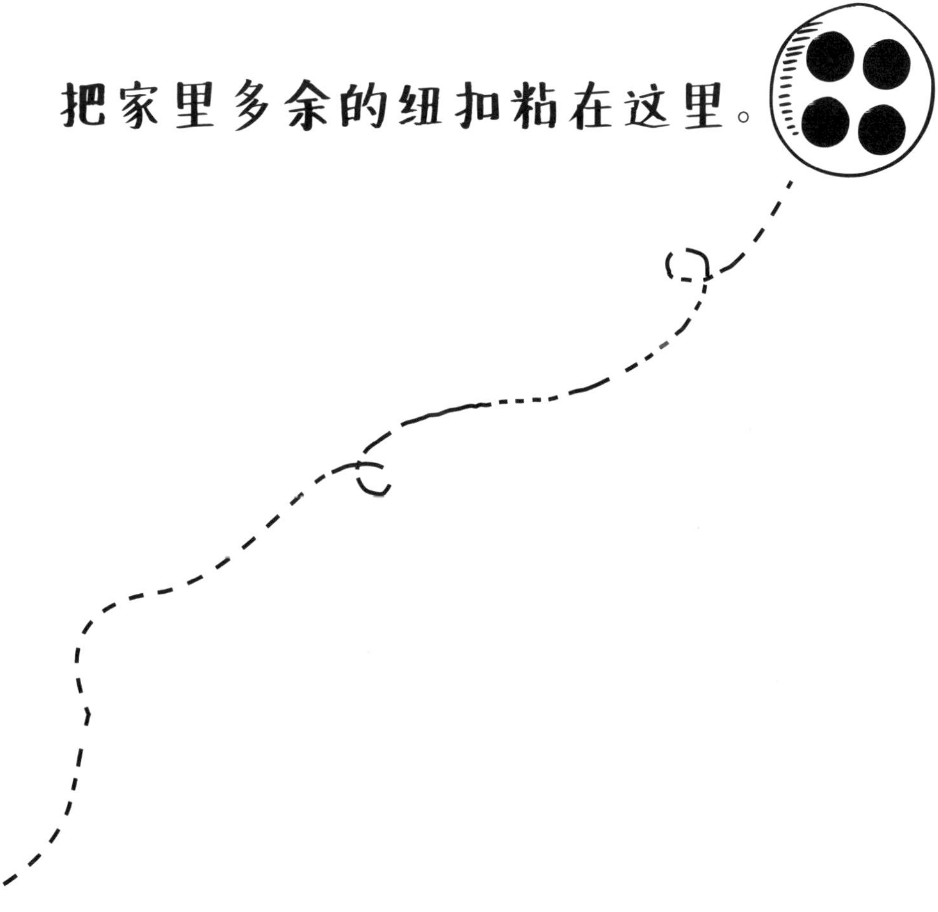

把你曾经去过最美、
最远地方的车票
或机票贴在这里。

请写一页
你想要道歉的
人的名字，
然后静静地思考一分钟。

把自己所有的外号写在这里，并写下获得这个外号的原因。

请写下自己想要说或已经说过的脏话，涂黑。

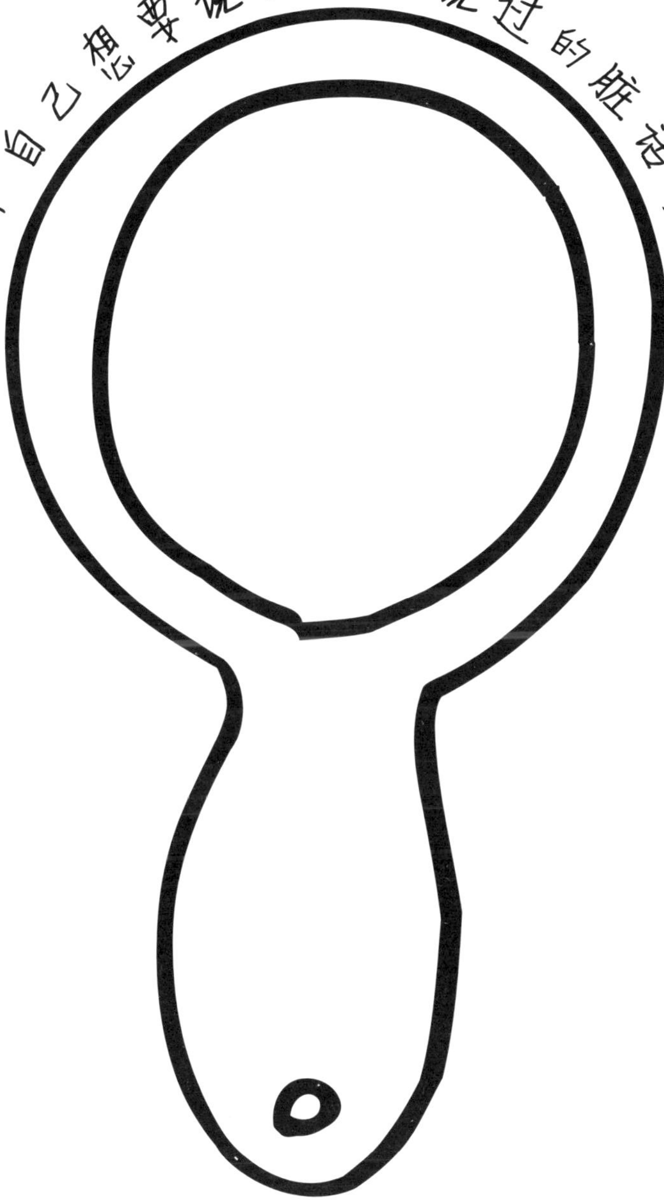

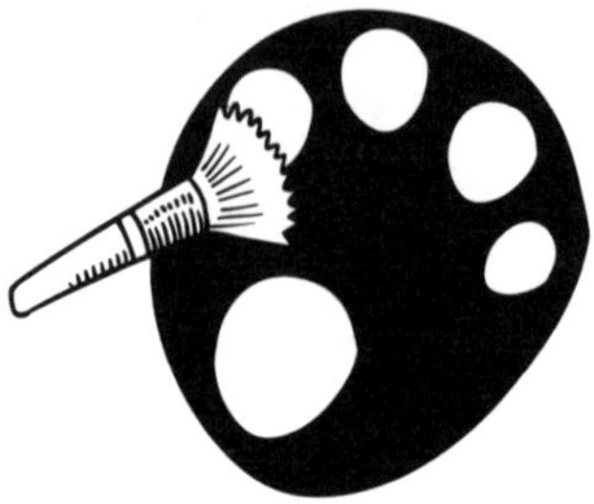

画上太阳、月亮和星星。

请在这里摘抄一些自己最喜欢的句子。

画一朵你想象中的花。

把这书 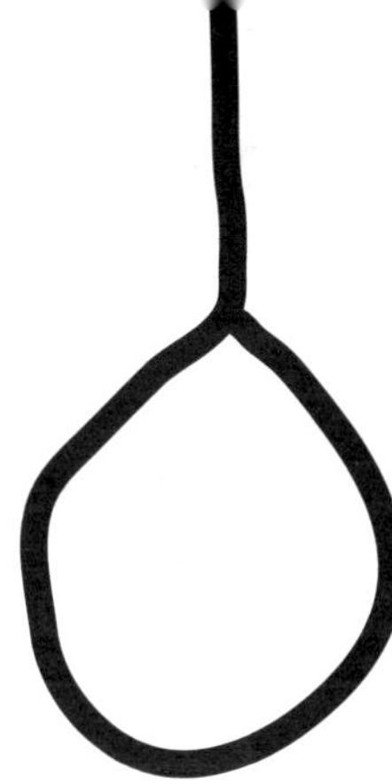

用绳子拴着

吊起来，

晃动十分钟。

把你该到手的购物

小票钉在这一页。

请用各种各样的线，
在上面制作一幅画。

把这本书从你房间的窗户扔下去，再捡回来，但是小心不要砸到别人。

请用手蘸着
颜料在上面作画。

请用脚趾夹起这一页，把这本书扔向墙面。

把包东西的气泡垫粘在这一面，
一个一个地捏破这些泡泡。

带着这本书做一次旅行，请路上认识的驴友在上面签名。

请让你的朋友
在这一面
写出你要改正的
缺点

用口红写下你想见的人的名字，

没有的话，口水也可以。

（这页纸
用来抓阄）

✸决定你今天最难做选择的事情。

写上你想去旅游的国家，然后贴上你的工资单，
这样就可以制订攒钱计划了。

这一页记录你每天的体重，注意观察变化。

用这张纸作餐盘，
在上面吃你的早餐。

在上面泼上咖啡或者有颜色的液体，
不用管它，让它自由流淌。

列举你喜欢的人或事物。

- [ ] 1
- [ ] 2
- [ ] 3
- [ ] 4
- [ ] 5
- [ ] 6
- [ ] 7
- [ ] 8
- [ ] 9

用不同
颜色的粉笔
层叠涂满
这页纸。

翻找出你以前写过的一篇日记或作文，抄在这页上。

任意
想一成语
起头，
然后玩成语
接龙。

把这一页撕下来浸泡在水里，

再将其放置在阳光下晒干。

把火柴粘在这一页，
摆出一棵大树的形状。

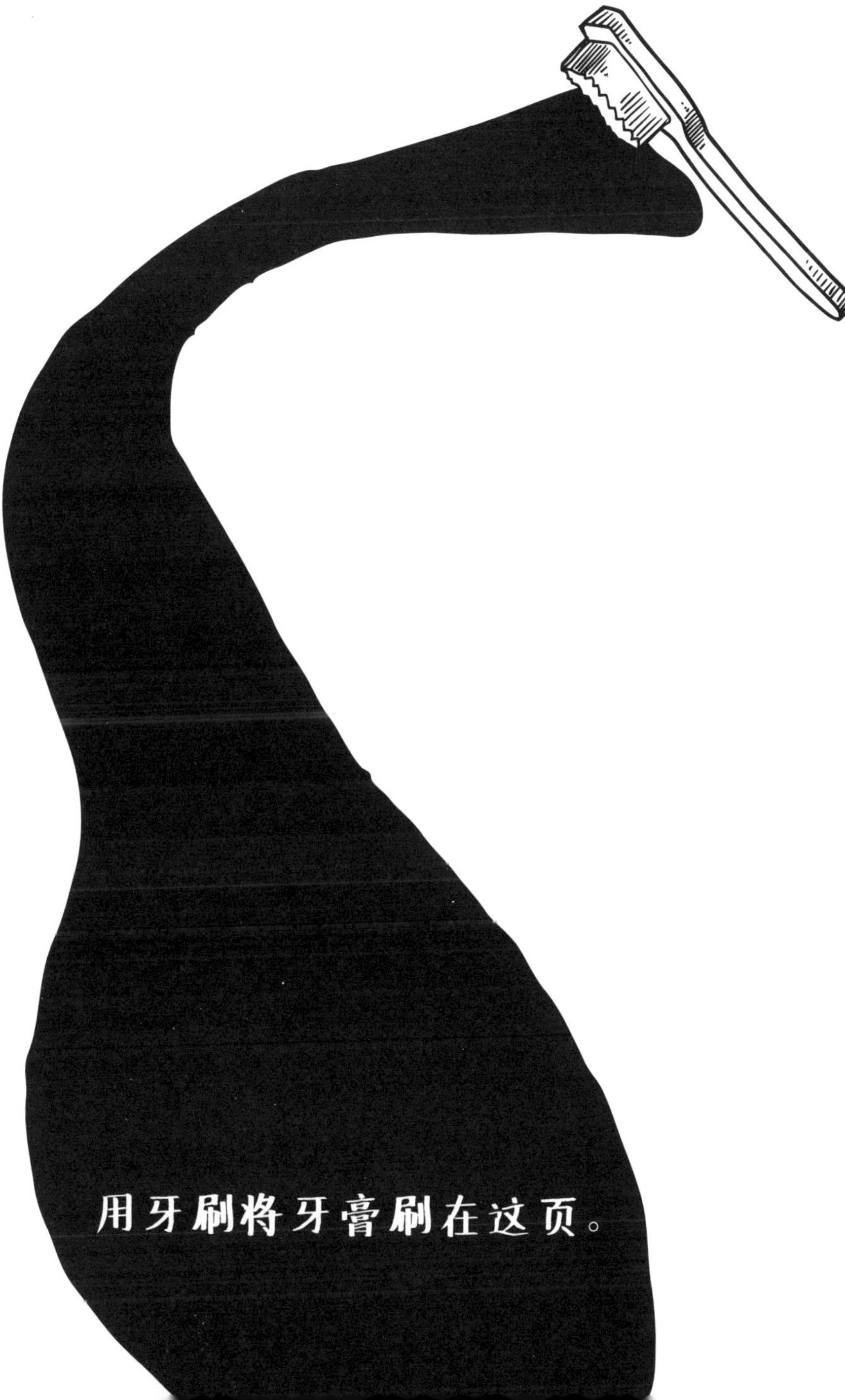
用牙刷将牙膏刷在这页。

写下你看过的所有图书的名字和作者。

用这本书拍破十个鼓起的气球。如果没有气球，你可以选择用这本书打脸十次。

用这张纸剪成一双鞋垫的模样，

垫在你穿着的鞋子里。

写下这一刻于你的意义，

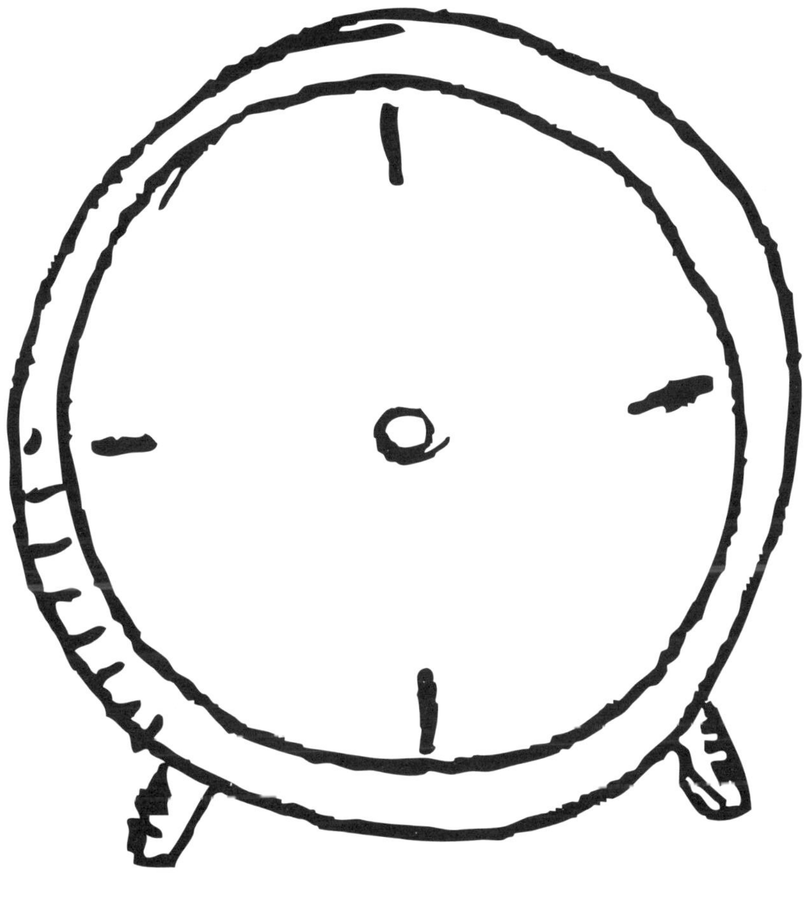

显示此刻的准确时间。

用墨笔在这页纸上涂墨、涂鸦。

摘抄几个你认为很好笑的笑话在此页。

裁剪出一张面膜的图形，用水浸湿并覆在脸上三分钟。

用瓜子壳将黑色区域占满。

抱 着 这 本 书

跑步1000米。

用这张纸做一顿黑暗料理。

用红色的笔
给这些爱心涂色。

将这页的虚线连成实线，
并给它绘色。

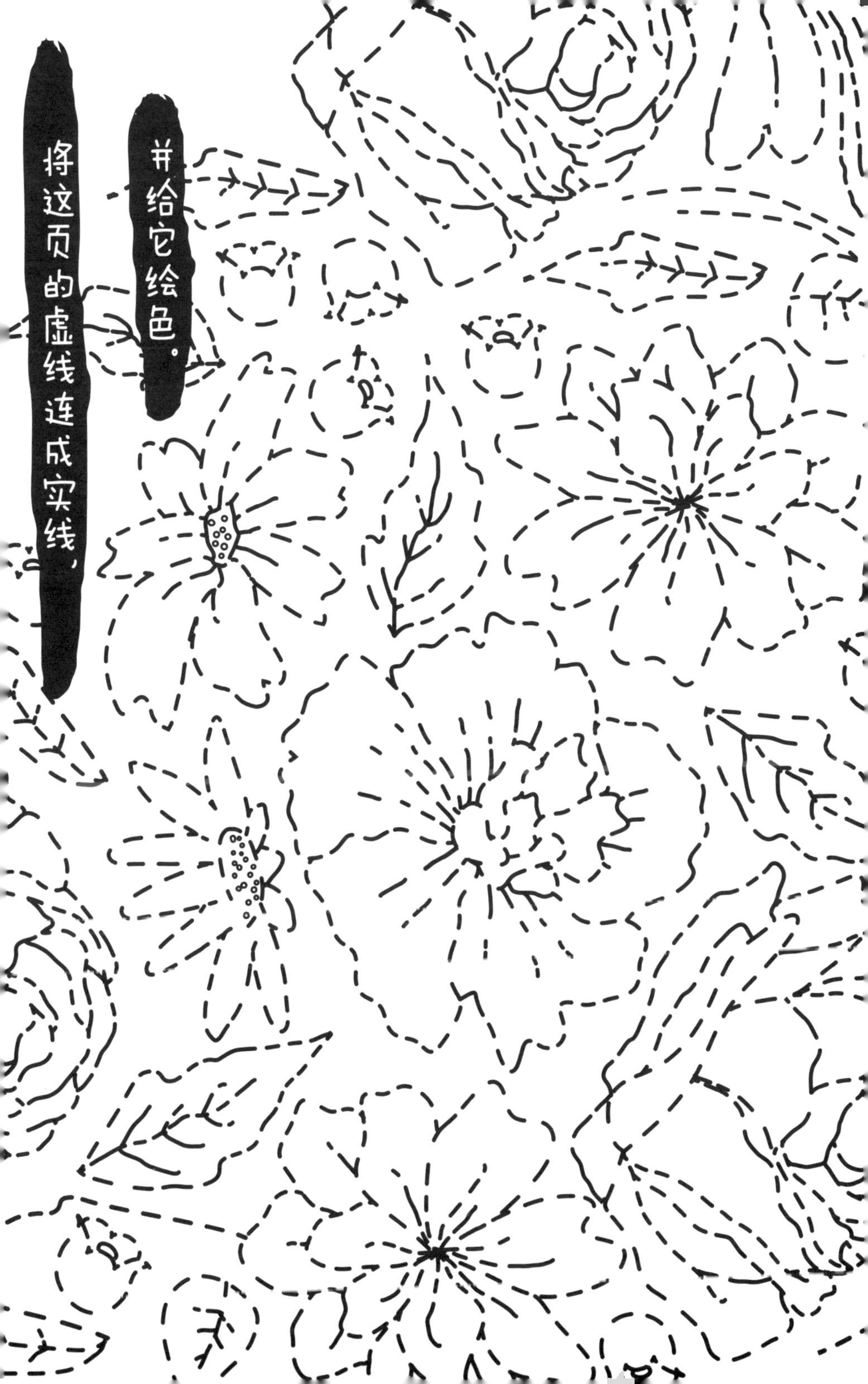

如果你感到……
请挖空它。

愤怒

郁闷

满足

开心

无聊

为了最好的决
定，保持冷静。

列出原因。

瞧你那傻样！

是时候
有所作为了。

放开步伐
你将进行更多。

把小动物的爪子沾点彩色的液体在上面盖章。

把夏天放在冰箱里冰冻一下。

把这本书当小板凳坐在屁股下。

0 1 2 3 4 5 6

借助尺画出笔直的五十条横线、五十条竖立线。

『套马杆的汉子你威武雄壮！』

跑到公共场合大声唱出这一句：

你想怎么搞就怎么
搞，玩坏这本书为止

Wan Huai Zhe Ben Shu

玩坏这本书

总策划

朱家君

选题策划

熊 嵩

执行策划

杨涵玉

特约编辑

杨涵玉

封面设计

张 钰

宣传营销

郭海洋

运营发行

常蓦尘

出版社

长江出版社

总出品

漫娱文化

平台支持

好漫画 GOOD 小说馆

图书在版编目（CIP）数据

玩坏这本书 / 漫娱编著 .

—武汉：长江出版社，2016.8

ISBN 978-7-5492-4494-2

Ⅰ. ①玩… Ⅱ. ①漫… Ⅲ. ①心理压力 – 调节（心理学）– 通俗读物 Ⅳ.

① B842.6 – 49

中国版本图书馆 CIP 数据核字（2016）第 187504 号

玩坏这本书 / 漫娱编著

出　　版	长江出版社 （武汉市解放大道 1863 号　邮政编码：430010）
出　　品	漫娱文化 （湖北省武汉市积玉桥万达写字楼 11 号楼 19 层　邮政编码：430060）
出 版 人	赵　冕
选题策划	长江出版社青春动漫编辑室
市场发行	长江出版社发行部
网　　址	http://www.cjpress.com.cn
责任编辑	陈　辉
装帧设计	张　钰
印　　刷	武汉市首壹印务有限公司
版　　次	2016 年 8 月第 1 版
印　　次	2018 年 9 月第 14 次印刷
开　　本	880mm × 1230mm　1 / 32
印　　张	8
书　　号	ISBN 978-7-5492-4494-2
定　　价	28.00 元

电话：027-82926557(总编室)　027-82926806（市场营销部）